RECHERCHES
SUR L'IODE
DES EAUX DOUCES.

Paris. — Imprimé par E. Thunot et Cᵉ, rue Racine, 26.

EXISTENCE DE L'IODE

DANS TOUTES LES PLANTES

D'EAU DOUCE.

CONSÉQUENCES DE CE FAIT

POUR

LA GÉOGNOSIE, LA PHYSIOLOGIE VÉGÉTALE, LA THÉRAPEUTIQUE,

ET PEUT-ÊTRE

POUR L'INDUSTRIE;

Par Ad. CHATIN,

PROFESSEUR DE BOTANIQUE A L'ÉCOLE DE PHARMACIE DE PARIS.

(Mémoire lu à l'Academie des sciences, le 25 mars 1850.)

L'un des plus savants botanistes dont s'honore l'Angleterre, M. John Lindley, rapporte (*The vegetable Kingdom*, London, 1847, p. 353) qu'au dire de Muller, le cresson (*Nasturtium officinale*, R. Br.) contiendrait de l'iode : observation peu connue et qui m'a paru assez remarquable pour être vérifiée. Était-elle en effet fondée? Et en ce cas n'avait-elle pas porté sur du cresson venu dans un sol perméable aux eaux de la mer, ou placé dans le voisinage de salines, ou enfin arrosé par ces sources iodurées signalées par Angelini, le docteur Cantu, MM. Boussingault, O. Henry, etc? J'ignore encore dans quelles conditions avait crû la plante analysée par Muller; mais la découverte que je fis bientôt de l'iode dans du cresson des environs de Paris vint me démontrer que, contrairement à l'opinion généralement admise, ce corps ne se trouvait pas exclusivement dans la zone des eaux salées ou des sources minérales. Ici surgissaient d'abord ces deux questions :

L'iode trouvé dans le cresson est-il propre à cette espèce ? Existe-t-il, au contraire, comme le soufre et l'azote, dans la plupart des espèces de la famille des crucifères ?

Pour arriver à une solution, je soumis succesivement à l'analyse les plantes suivantes :

Arabis alpina, L.; toute la plante.
Bourse à pasteur (*Capsella bursa-pastoris*, *Moen.*); toute la plante.
Chou (*Brassica oleracea*, L. v. *capitata*); les feuilles.
Cochlearia officinalis, L.; les feuilles.
Corbeille d'or (*Alyssum saxatile*, L.); toute la plante.
Drave printanière (*Draba verna*, L.); toute la plante.
Erysimum (*Sisymbrium officinale*, *Scop.*); toute la plante.
Julienne (*Hesperis matronalis*, L.); toute la plante.
Moutarde blanche (*Sinapis alba*, L.); les graines.
Moutarde noire (*Brassica nigra*, *Koch*); les graines.
Radis (*Raphanus sativus*, L. v. *radicula*); racines et feuilles.
Raifort (*Cochlearia Armoracia*, L.); les racines.
Roquette sauvage (*Diplotaxis tenuifolia*, D. C.); parties vertes.
Raifort d'eau (*Nasturtium amphibium*, R. Br.) de la Seine; racines et feuilles.
Téraspic vivace (*Iberis sempervirens*, L.); parties vertes.

Le *Raifort d'eau* donna seul des indices d'iode; mais c'était assez pour démontrer: 1° que l'iode n'existe pas seulement dans le cresson en dehors des eaux salées ou minérales; 2° qu'il n'est pas un attribut général des crucifères.

Puisque la cause de la présence simultanée de l'iode dans le Raifort d'eau et le Cresson n'est pas dans les analogies botaniques, quelle est-elle ? Peut-être la trouverons-nous dans les conditions extérieures communes à ces deux espèces, dans celle de ces conditions qui frappe tout d'abord, leur habitat au milieu des eaux. Et déjà cette conjecture prend de la consistance par cette considération que le Raifort, la Giroflée, l'Erysimum, etc, dans lesquels je n'ai pu déceler la présence de l'iode, sont toutes des plantes terrestres. La confirmation de

cette opinion devait être demandée à l'analyse des plantes aquatiques, prises à dessein dans divers groupes naturels : l'Académie jugera si elle a été complète.

La première espèce qui se présenta à moi pour la vérification
du rapport supposé exister entre l'habitat des plantes et la présence de l'iode dans leurs organes, fut le grand jonc des étangs,
dit jonc des tonneliers (*Scirpus lacustris*, L.), lequel sert,
comme on sait, à tresser ces grosses nattes si répandues à Paris.
L'analyse de quelques cordons de l'une de ces nattes me prouva
qu'elles contenaient de l'iode, et un résultat semblable me fut
donné par les Rhizômes de Nymphæa et les feuilles de Poivre
d'eau.

Le fait de l'existence de l'iode dans les plantes aquatiques se
présentait déjà ici avec un caractère assez général pour que,
guidé par quelques observations sur l'inégale netteté des réactions, je pusse instituer la série suivante d'analyses qui, tout en
confirmant le fait principal, devait faire apprécier quelques
circonstances dans lesquelles il se modifie. J'expose ci-dessous
cette série de telle sorte que les conclusions principales ressor-
tent d'elles-mêmes.

Cresson (*Nasturtium officinale*, R Br.) d'*eaux stagnantes* sous la
terrasse de Saint-Germain ; indices d'iode.

Cresson d'*eaux courantes* d'Enghien ; réaction très-nette.

Cresson d'*eaux courantes* près Senlis ; réaction très-nette.

Souci des marais (*Caltha palustris*, L.), des *marais* de Ville-d'Avray ;
indices.

Caltha palustris, L. des *marais* du Havre ; indices.

Carex paludosa, *Good*. des *marais* de Ville-d'Avray ; indices.

Carex cæspitosa, L. des *marais* de Ville-d'Avray ; indices.

Villarsia Nymphoïdes, *Vent*. de l'*étang* de Saint-Cucufas ; réaction
nette.

Villarsia Nymphoïdes, *Vent*. de la Marne ; réaction très-nette.

Villarsia d'une rivière de la Nouvelle-Hollande ; réaction très-nette.

Nelumbium luteum, *Willd*. de l'Amérique septentrionale ; indices.

Nelumbo (*Nelumbium speciosum*, *Willd*) de l'Asie (les fruits); indices.

Lotos aquatique (*Nymphæa Lotus*, L.) d'Égypte ; indices.

Myriophyllum verticillatum, L. des *sources* de Ville-d'Avray ; réaction très-nette.

Ceratophyllum submersum, L. des *sources* de Ville-d'Avray ; réaction très-nette

Ceratophyllum demersum, L. des eaux *croupissantes* de Gentilly ; indices.

Potamogeton crispum, L. d'*eaux stagnantes* à Gentilly ; indices.

Potamogeton crispum, L. des sources de Ville-d'Avray ; réaction très-nette.

Potamogeton pectinatum, L. de la Seine, près Saint-Cloud ; réaction très nette.

Nymphœa alba, L. des *mares* d'Auteuil ; indices.

Nuphar luteum, *Smith*, de la Seine, près Saint-Cloud ; réaction très-nette.

Nuphar luteum, *Smith*, du Gard ; réaction très-nette.

Roseau commun (*Phragmites communis*, *Trin*) des petits étangs de Meudon ; indices.

Roseau commun (*Phragmites communis*, *Trin.*) du grand étang de Saint-Quentin, près Saint-Cyr ; réaction très nette.

Scirpus lacustris, L. des petits étangs de Meudon ; indices.

Scirpus lacustris de l'étang de Saint-Quentin ; réaction très-nette.

Typha angustifolia, L. de Saint-Quentin ; réaction très-nette

Typha minima, *Hopp.* des *marécages* de Tullins (Isère) ; indices.

Littorella lacustris, L. de Saint-Quentin ; réaction très-nette.

Ranunculus fluitans, *Lam.* du Loing ; réaction très-nette.

Ranunculus aquatilis, L. var., *Heterophyllus*, des *mares* de Satory ; indices.

Sagittaria sagittifolia, L. de la Seine, près Neuilly ; réaction très-nette.

Chara fœtida, *Braun.* des eaux *stagnantes* de Gentilly ; indices.

Chara fœtida, *Braun.* des *sources* de Ville-d'Avray, réaction très-nette.

Conferva crispata, *Roth.* des eaux *croupissantes* d'Enghien ; indices.

Conferva crispata, *Roth.* de la Seine, près Saint-Cloud ; réaction très-nette.

Lentille d'eau (*Lemna minor*, L.) des eaux *croupissantes* d'Enghien ; indices.

Callitriche aquatica, *Hud.* var. *Heterophylla*, des eaux *courantes* d'Enghien ; réaction nette.

Glyceria fluitans, R. *Br.* des eaux *courantes* d'Enghien ; réaction nette.

Helosciadium nodiflorum, Koch. des eaux *courantes* d'Enghien; réaction nette.

Rumex conglomeratus, Murr. et R. *crispus* L. du *bord* des ruisseaux du Chesnay; indices légers.

Sium angustifolium, L. des *ruisseaux* du Chesnay; réaction très-nette.

Epilobium tetragonum, L. des *ruisseaux* du Chesnay; réaction très-nette.

Carex riparia, Curt. des *mares* du polygone de Saint Cyr; indices.

Carex riparia, Curt. des *sources* du polygone de Saint Cyr; réaction nette.

Fontinalis antipyretica, L. de la Marne, près Charenton; réaction très-nette.

Raifort d'eau (*Nasturtium amphibium,* R. Br.) des *marécages* de Meudon; indices.

Iris pseudo-Acorus, L. des grands étangs de Ville-d'Avray; réaction nette.

Gratiole (Gratiola officinalis, L.) du commerce; indices.

Trèfle d'eau (*Menianthes trifoliata,* L.) du commerce; indices.

Plantain d'eau (*Alisma Plantago,* L.) des *marécages* de Meudon; indices.

Rhizômes d'Acore vrai (*Acorus Calamus,* L.) du commerce; indices.

Stratiotes aloïdes, L. des *mares* de Marly; indices.

Beccabunga (*Veronica Beccabunga,* L.) du commerce; indices.

Fruits de cigué d'eau (*Ænanthe Phellandrium, Lamk.*) du commerce; indices.

Osmunda regalis, L. des *ravins humides* de Montmorency; indices.

Rumex nemorosus, Schr. des *plages* de la Seine, près Neuilly; indices légers.

Ansérine (*Potentilla Anserina,* L.) des *plages* de la Seine, près Neuilly; indices légers.

Potentilla supina, L. des plages de l'étang de Trou–Salé; indices légers.

Racines de grande consoude (*Symphitum officinale,* L..); indices légers.

Racines d'aunée (*Inula Helenium,* L.) du commerce; indices légers.

Scrophularia aquatica, L. du *bord* des eaux de Ville d'Avray; réaction nette.

Scrophularia nodosa, L. des *bois* de Ville-d'Avray; *rien.*

Valeriana dioica, L. des *marais* de Ville-d'Avray et du Havre; indices.

Valeriana officinalis, L. des *bois* de Ville-d'Avray ; *rien.*

Ranunculus aquatilis, L. var. *Heterophyllus*, des *étangs* de Ville-d'Avray ; réaction nette.

Ranunculus Flammula, L. des *marais* de Ville-d'Avray ; indices.

Ranunculus Lingua, L. des marais de Meudon ; indices.

Ranunculus sceleratus, L. des *marais* de Ville-d'Avray ; indices.

Ranunculus acris, L. des *prairies* de Meudon ; *rien.*

Ranunculus bulbosus, L. du *bord* des chemins de Ville-d'Avray ; *rien.*

Ranunculus repens, L. du *bord* des chemins de Ville-d'Avray ; *rien.*

Cresson des prés (*Cardamine pratensis*, L.) des *marais* de Ville-d'Avray ; indices.

Cardamine pratensis, L. des *prairies* élevées de Ville-d'Avray : *rien* (1).

De cette série d'analyses, que nous nous proposons d'étendre chaque jour, on peut toutefois dès à présent conclure :

1° Que les plantes qui se développent dans les eaux courantes ou dans les nappes d'eau assez grandes pour être fortement

---

(1) MM. Filhol, professeur de chimie à Toulouse, et Dermigny, pharmacien à Péronne, ont bien voulu constater la présence de l'iode dans les plantes de la Garonne et de la Somme.—M. Personne, pharmacien en chef de l'hôpital du Midi et préparateur à l'École de Pharmacie, a trouvé l'iode dans une Jongermanne (*Ancura pinguis. Dum.*), venue dans les eaux des terrains granitiques du Morvan. Cette observation offre d'autant plus d'intérêt qu'elle est antérieure à la publication de ce mémoire. M. Personne m'en fit part vers le mois de janvier, en présence de M. Bussy, comme j'exprimais le regret de n'avoir pas reçu du cresson des terrains salifères de l'Est, que j'avais demandé depuis quelque temps à M. Deslandes, élève-aide de M. Personne, pour le comparer, au point de vue de sa richesse en iode, avec le cresson et les autres plantes des eaux douces. J'ajoute qu'à une époque déja éloignée, et que je porte à un an au moins, M. Personne m'avait montré sa plante (déterminée depuis spécifiquement par M. Decaisne) en m'en demandant le nom. Il n'est pas douteux que son observation ne remonte à ce temps-là.

— L'iode a encore été trouvé, à une époque que je ne peux préciser, mais déjà ancienne, et par des chimistes que j'ai le regret de ne pouvoir citer, dans des Agaves et des Barilles croissant sur les îles flottantes des lacs du Mexique.

agitées par les vents (le grand étang de Saint-Quentin a plus de
deux lieues de circonférence et les vagues s'y élèvent souvent à
plusieurs mètres!), contiennent plus d'iode que celles des eaux
stagnantes ;

2° Que l'iode se trouve habituellement encore, quoique en
quantité minime, dans les espèces (aunée, consoude, anse-
rine, etc.) qui ne sont baignées par les eaux que très-imparfai-
tement ou seulement durant une partie de leur vie ;

3° Que les mêmes plantes contiennent de l'iode lorsqu'elles
croissent dans l'eau, et en sont privées quand elles se développent
hors de celle-ci ;

4° Que la proportion d'iode observée dans les plantes est in-
dépendante de leur place dans l'ordre naturel, et en général
de leur nature spécifique. Il reste toutefois à rechercher si cette
loi n'offre pas d'exceptions chez les plantes d'eau douce comme
chez les plantes marines, parmi lesquelles le carragaheen
(*Chondrus polymorphus Lamx*) ne contient pas d'iode, quoique
voisin de plantes qui en renferment beaucoup.

A quel état l'iode existe-t-il dans les plantes ? L'expérience
suivante répond à la question. Je pris $1^k,500$ grammes de cresson de rivière (de la Nonette près Senlis) ; je séparai avec soin le
suc du parenchyme, et analysai séparément les deux produits. La
cendre du suc était riche en iode, tandis que celle du parenchyme n'en offrait pas la plus faible trace ; d'où il résulte que,
comme on pouvait le penser, l'iode existe à l'état d'iodure
soluble. L'analyse du cresson sec m'a donné des résultats qui
diffèrent en ce que je n'ai pu extraire tout l'iodure de la plante,
ni par l'eau ni par l'alcool ; sans doute parce que dans l'acte
de la dessiccation, une partie de ce principe s'est fixée sur les
tissus.

Tirons quelques inductions du fait général maintenant acquis.

Et d'abord, d'où vient l'iode trouvé dans toutes les plantes
d'eau douce, et que l'analyse n'a pas décelé dans ces eaux
elles-mêmes (1) ? Est-il formé par les plantes ? Cette hypothèse

---

(1) J'ai reconnu, depuis que ces lignes sont écrites, et je prouverai
bientôt par l'analyse d'un grand nombre de sources, de puits et de rivières, qu'il est possible et facile d'y constater la présence de l'iode.

n'est pas discutable dans l'état des connaissances chimiques. Vient-il des salines, des sources minérales dans lesquelles on a signalé sa présence? On ne peut s'y arrêter quand on considère que non-seulement l'iode se trouve dans les plantes aquatiques des contrées les plus diverses, dans celles des grandes rivières, telles que la Seine, la Marne, l'Isère, mais dans les espèces de chaque ruisseau, de chaque étang, de chaque marécage Il vient, cela n'est pas douteux, de tous les points de la terre lavés par les eaux. Pour ne pas être appréciable, il n'existe pas moins comme les chlorures dont il est en quelque sorte le satellite (et sans doute comme les bromures) sur tous les points de la surface du globe; c'est là une conséquence géognosique de toute évidence.

Mais, dira-t-on, si l'iode est répandu partout, pourquoi ne le trouve-t-on pas dans toutes les plantes, dans les espèces terrestres, puisqu'elles ne peuvent vivre sans puiser dans le sol une grande quantité d'eau, comme dans les espèces aquatiques? Et pourquoi la proportion d'iode varie-t-elle autant dans ces dernières? Ici, nous l'avouerons, la question s'engage un peu dans les champs de l'hypothèse et d'une physiologie difficultueuse; cependant elle peut être suivie. Il est d'abord incontestable que les plantes terrestres proprement dites ne peuvent en aucun cas agir que sur une eau très-peu chargée de principes iodurés solubles, les pluies lavant et épuisant sans cesse la mince croûte de terre dans laquelle ces plantes se développent. Il faut, pour que les plantes séparent de l'iode, que celui-ci existe dans l'eau en quantité appréciable, sinon pour nous, du moins pour elles; et tel ne doit pas être le cas de l'eau qui, dans l'état ordinaire, baigne les racines des plantes terrestres. Les conditions sont bien différentes pour les plantes qui vivent dans des eaux chargées des principes salins qu'elles ont détachés de la masse terrestre aux profondeurs les plus diverses, et qui ont pu se concentrer encore par la longueur du parcours.

Il résulte toutefois de ces considérations que les plantes venues dans une eau d'origine peu profonde pourraient ne pas donner de trace sensible d'iode, ou même en être réellement dépourvues: les plantes des eaux provenant de la fonte des glaciers doivent surtout être dans ce cas. On comprend encore que des végétaux se développant dans un sol ou s'*infiltrent* des eaux de source contiennent plus ou moins d'iode (1).

Quant à ce que les plantes des eaux courantes ou agitées contiennent relativement beaucoup d'iode, tandis que celles des eaux croupissantes n'en offrent que des traces, il est facile de l'expliquer. C'est parce que celles-ci agissent sur une masse d'eau qui ne se renouvelle qu'avec lenteur, et en quelque sorte limitée, qu'elles sont pauvres en iode ; et si cet élément est plus abondant dans les premières, c'est parce qu'elles puisent dans un réservoir indéfini , où le liquide épuisé est aussitôt remplacé par un liquide qui a toute sa richesse initiale. Mettez une plante dans un ruisseau dont l'eau contient une proportion donnée d'iode, soit *un cent-millionième de grain* par litre, n'est-il pas évident que si elle absorbe l'iode sans le rendre, elle finira par en contenir une quantité considérable, qui ira longtemps en augmentant, tandis que si une plante semblable vit dans dix litres d'eau au même titre d'iode, mais qui ne se renouvelleront pas, elle ne pourra jamais en renfermer plus de dix fois un cent-millionième de grain ?

Il est impossible de ne pas reconnaître aux plantes d'eau douce, comme on est conduit à l'admettre pour celles de la mer, la propriété d'extraire de l'eau les iodures qui y sont dissous, et de les concentrer dans leurs organes. Et cette faculté frapperait d'autant plus que nous avons vu plus haut que le principe qu'elles retiennent ainsi est soluble, et qu'elles vivent au milieu de l'eau, si nous ne savions avec quelle puissance les êtres vivants se jouent des phénomènes généraux de la matière.

Mais comment l'iodure arrive-t-il dans la plante?

Toute la surface de celle-ci le sépare-t-elle de l'eau par une action propre, comme, suivant la théorie ingénieuse de M. Ad. Brongniart, elle en sépare l'oxygène dans l'acte de la respiration? Ou pénètre-t-il avec l'eau, soit par toute la surface, soit seulement par les racines (surtout chez les plantes partiellement submergées), pour se fixer et se concentrer dans les tissus par l'exhalation de cette même eau ?

---

(1) Telle est en particulier la condition des espèces qui se développent dans les ravins humides.

L'absorption par les racines est seule admissible pour les plantes du bord des eaux ; l'absorption avec l'eau par les racines seules ou à la fois par les racines et toute la surface dépourvue, comme on sait, d'épiderme, conduirait à admettre, chez les plantes submergées, une grande puissance de transpiration, et serait en opposition absolue avec l'opinion de M. Dutrochet, qui refuse à ces plantes la faculté de transpirer. Peut-être un jour reprendrons-nous une question qui n'est rien moins que résolue, et que quelques observations nous disposent à envisager à un point de vue contraire à celui de ce célèbre physiologiste.

Nous ne développerons pas devant l'Académie des sciences les conséquenees de nos résultats pour la thérapeutique ; mais nous ne pouvons ne pas dire un mot de quelques médicaments principaux. Le Cresson n'est pas seulement estimé comme antiscorbutique, mais comme fondant, antiscrofuleux, antiphthisique et dépuratif général : la présence de l'iode justifie ces dernières propriétés. Le Cresson de fontaine ou de rivière est partout plus estimé que celui des marécages : l'influence de la nature des eaux sur la proportion de l'iodure démontre la justesse de cette distinction. La Phellandrie, qui a survécu au naufrage souvent immérité de tant de médicaments anciens, est encore fort usitée par d'éminents praticiens de Paris qui la considèrent comme le succédané de l'huile de foie de morue dans la tuberculisation pulmonaire : l'iode rend compte de ses effets. Le Beccabunga était regardé par les anciens comme un bon fondant, et l'on recommandait celui des ruisseaux ; la présence et la proportion de l'iode l'expliquent. Cette plante figurait autrefois dans les préparations antiscorbutiques d'où les modernes l'ont exclue, et la découverte de l'iode fait qu'on se demandera si ceux-ci ont eu raison. Une autre conséquence de ce travail est que l'usage habituel des plantes aquatiques devra être recommandé aux habitants des pays où le goître est endémique. Nous nous occupons toutefois de rechercher si les plantes de ces contrées, surtout celles des eaux potables, renferment une quantité bien appréciable d'iode. On conçoit que les eaux des neiges, et quelques sources placées dans des conditions spéciales, soient privées de ce corps, et peut-être constatera-t-on que le développement morbide de la glande thyroïde ne reconnaît pas d'autre cause que l'absence plus ou moins complète de l'iode dans ces eaux. S'il en était ainsi, on arriverait à cette conséquence singulière que le goître est une affection en quelque sorte normale, ayant sa raison d'être ou sa condition intérieure, et qu'il ne serait limité dans son développement que par un agent extérieur; à moins qu'on ne reconnaisse la présence, dans ces eaux, d'un corps qui agit en raison inverse de l'iode et dont celui-ci serait destiné à neutraliser les effets (1)

On pourrait se demander, surtout aujourd'hui que l'iode est très-cher, s'il sera avantageux de le retirer des plantes d'eau douce; mais nous avouerons que nous en avons peu l'espoir, parce que le prix de revient des plantes d'eau douce serait, en général, plus élevé que celui des plantes marines, et surtout parce que la proportion d'iode y est de beaucoup plus faible. Peut-être cependant les difficultés que nous avons rencontrées, et qui ont pu être assez imparfaitement évitées pour que nous ne nous fassions pas une juste idée des chances de cette opération, seront-elles complétement levées par des chimistes plus habiles, aux succès desquels nous serions le premier à applaudir. Peut-être aussi la richesse spéciale de quelques eaux douces en iode permettra-t-elle, par exception, d'exploiter les plantes qui y croissent.

Nous terminerons par un mot sur quelques circonstances qui nous ont plus d'une fois, surtout au début, induit en erreur et découragé.

Il est inutile de dire que c'est dans le produit de l'incinération que nous avons recherché l'iode; mais ce qui l'est moins, c'est d'ajouter que les plantes d'eau douce donnent pour la plupart une cendre très-riche en carbonates alcalins, et que ceux-ci peuvent masquer complétement, si l'on n'y prend garde, les réactions de l'iode regardées comme les plus sûres. Ainsi le chlore est un agent infidèle qui le plus souvent ne décèle pas l'iode *dans la lessive* des plantes d'eau douce, quelles que

---

(1) M. le Dr Grange, qui depuis quelques années s'occupe avec zèle de cette question, admet que c'est à la magnésie dissoute dans les eaux qu'il faudrait rapporter la cause du goître

soient les précautians qu'on apporte dans son emploi ; et le bioxyde de barium acidulé par l'acide chlorhydrique ou l'acide
azotique, quoique plus sûr que le chlore, n'est pas dépourvu
d'inconvénients, l'oxygène dégagé faisant passer assez promp-
tement l'iode à l'état d'acide iodique pour que, si l'on opère
sur des plantes ne renfermant que des traces d'iode, la coloration de l'amidon par l'iode libre ne puisse être aperçue. Je re-
connais toutefois, avec M. Alvaro-Raynoso, que ce procédé est
bon quand l'iodure est resté mêlé de sulfure (1). L'acide azotique ou l'acide sulfurique et un nitrate, mais surtout l'acide
sulfurique seul, agissent plus sûrement ; mais la présence d'une
grande quantité de carbonates peut encore entraver leur action,
et des précautions doivent être prises.

La vive effervescence qu'ils produisent lorsque, en vases ou-
verts, on les ajoute brusquement en quantité un peu trop forte,
et la chaleur considérable que l'acide sulfurique développe en
particulier par son mélange avec l'eau, entraînent et font disparaître l'iode, si tant est qu'on l'ait même entrevu. Quelquefois encore l'action de l'un, ou même des deux acides précé-
dents, est masquée par un état particulier des liqueurs, état
qui se rapporte en quelques cas à la nature des mélanges salins,
d'autres fois au degré variable de concentration. Ainsi l'iode des
plantes qui en contiennent peu ne se montre pas dans une li-
queur trop étendue ; il est entraîné par l'acide des carbonates
dans des liqueurs un peu trop concentrées ; et le carbonate de
potasse qui domine dans les cendres des plantes d'eau douce,
contrairement au carbonate de soude qui est l'attribut des eaux
salées, ne peut être séparé par cristallisation. C'est lui qui reste
dans les eaux-mères, où il retient, du moins dans les expé-
riences en petit auxquelles je me suis livré, la plus grande
partie de l'iodure : d'autres inconvénients sont attachés à l'incinération. L'opère-t-on sans mouiller préalablement les plantes
d'une solution de potasse, on s'expose à perdre de l'iode ; y

---

(1) L'eau oxygénée *elle-même* est un réactif très-maniable et très-bon
qui prévaudra peut-être pour cet ordre de recherches, malgré les soins
qu'exige sa préparation

procède-t-on après addition de ce corps, on peut communiquer aux cendres une trop grande fusibilité ; il faudrait toutefois un grand excès de potasse ou une chaleur bien forte pour que ce dernier effet se produisît. Je m'arrête, car je n'ai pas la prétention de tracer des règles, mais de signaler quelques écueils.

Dans les recherches dont je viens de rendre compte, je faisais en général bouillir la cendre avec quatre fois son poids d'eau distillée pendant un quart d'heure ; je filtrais, puis je disposais le soluté, mélangé de colle d'amidon (1), dans quatre verres. Le premier verre était additionné d'acide sulfurique ; le second, d'acide nitrique, le troisième, de nitrate de potasse et d'acide sulfurique ; le quatrième verre était laissé comme terme de comparaison.

Une coloration violette immédiate et intense était notée : *Réaction très-nette ;*

Une coloration violette intense mais non immédiate était notée : *Réaction nette ;*

---

 (1) Il est digne de remarque et de regrets que les auteurs de l'observation première et si féconde de l'action réciproque de l'iode et de l'amidon soient, ou ignorés de la plupart des chimistes, ou dépossédés de leur découverte au profit de savants qui, il est juste de le dire, ne l'ont jamais réclamée eux-mêmes. Ainsi beaucoup de personnes l'attribuent, sur la foi de Berzélius (*Traité de Chimie*, 1re éd, t 1, p. 305), à Stromeyer, qui ne s'occupa de la question qu'en 1815. ou à M Lassaigne, qui étudia plus tard quelques circonstances des phénomènes avec la sagacité qui le distingue, tandis qu'elle est due à MM. Gaultier de Claubry et Colin, qui l'établirent les premiers, dès 1814, dans un mémoire lu a l'Institut et imprimé dans les *Annales de Chimie* (t. XC). Ce travail consacrait spécialement le fait de la coloration bleue, violette ou purpurine que l'iode et l'amidon développent ensemble, suivant les proportions variables du premier. L'année suivante, M. Gaultier de Claubry fit ressortir, dans un mémoire qui lui est propre (*Ann. de Chim.*, t. XCIII), tout *le parti qu'on pouvait tirer de ce caractère pour déceler les plus infimes proportions d'iode.* Les recherches de MM. Gaultier de Claubry et Colin sont mentionnées dans le tome XLVIII du Journal allemand de Gilbert, celles de Stromeyer dans le tome XLIX du même recueil. J'ajouterai que M. Pelletier, qui avait été initié par M. Gaultier de Claubry a ses travaux, publia, en 1814, quelques observations sur le même sujet. (*Bull. de Ph.*, t. VI.)

Une coloration pourpre violet non immédiate était notée : *Indices* ;

Une coloration pourpre violet non immédiate était notée : *Indices légers.*

Et je terminais, comme contre-épreuve, en chauffant le produit qui se décolorait. Quelquefois aussi je faisais disparaître la coloration par l'acide nitrique ou l'oxygène dégagé du bioxyde de barium, et je la faisais revenir par le tannin ou l'acide sulfhydrique. Ces réactions, qui ne laissent pas que d'être assez jolies, peuvent être reproduites un grand nombre de fois si la proportion d'iode est suffisante.

Dans une second mémoire que j'aurai l'honneur de soumettre prochaînement à l'Académie, je consignerai de nouvelles analyses de plantes appartenant tant aux temps actuels qu'aux époques géologiques anciennes ; j'exposerai les résultats de recherches correspondantes faites sur les animaux ; je montrerai que l'iode peut être reconnu directement dans la généralité des eaux douces, et j'essayerai de doser ce principe tant dans les eaux elles-mêmes que dans le sol auquel elles l'enlèvent let les corps organisés auxquels elles le cèdent.